水滴精灵的世界

藏在食物里的水滴精灵

吴普特　主编

科学普及出版社

·北京·

图书在版编目（CIP）数据

水滴精灵的世界 . 藏在食物里的水滴精灵 / 吴普特

主编 . —— 北京：科学普及出版社，2023.4

ISBN 978-7-110-10535-1

Ⅰ . ①水… Ⅱ . ①吴… Ⅲ . ①水—儿童读物 Ⅳ .

① P33-49

中国国家版本馆 CIP 数据核字（2023）第 030972 号

这个暑假，

西西收获满满，

不仅一个人去买菜，

还学会了制作各种营养美食。

自己种菜，

自己养花，

认识了许多蔬果蔬原料，

各种蔬菜、水果，还有谷物。

怎样吃更美味？

怎样吃更健康？

西西度过了愉快丰富的假期。

西西开始和面。

我是种菜小·能手。

来看看吧……

种类丰富！

这些香草可以作烹调的辅料。

这都有！

暑假转眼结束，明天就要开学了。

西西走在去教室的路上。

哇！

什么！运动会？

食欲吗！

不是"欲"，是"育"。

小朋友们跃跃欲试。

加油啊！

食育可以帮助小·朋友们建立良好的饮食习惯。大家能学到很多关于食物与食品的知识。

这里有很多印着各种食物的卡片。

西西，这是你做的沙拉啊！

让我想想，凯撒沙拉里都放了哪些食材？

一下子想不全了。

这里有我喜欢的汉堡！

再找找自己喜欢吃的食物，想想都是由什么食材做成的。

我的沙拉里可以放蚕豆或鹰嘴豆。

原产中国。

大豆

大豆就是菽。

大豆油

豆腐

豆浆

腐竹

蛋白质饲料。

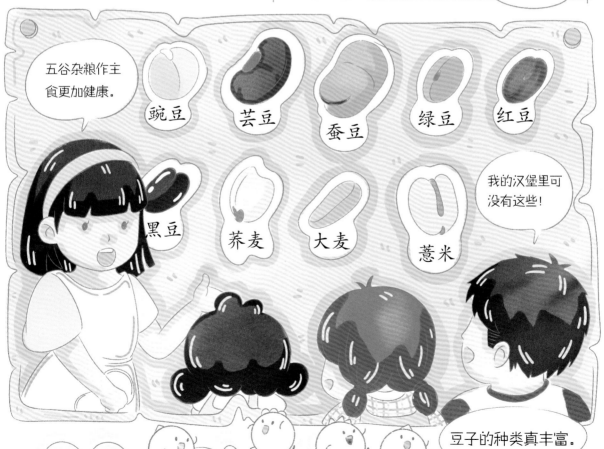

五谷杂粮作主食更加健康。

豌豆　芸豆　蚕豆　绿豆　红豆

黑豆　荞麦　大麦　薏米

我的汉堡里可没有这些！

豆子的种类真丰富。

哇！小朋友们认识好多食材。

大家都在自己喜欢的食物中

找到了认识的食材，

真棒！

让我们继续努力，

开动脑筋，

在认识食材的基础上，

成为食物营养搭配的小能手，

不仅吃得美味，

而且吃得健康。

中国菜、日韩菜、西式菜，

肉蛋奶、果蔬、谷物……，

怎样合理搭配，

使营养更丰富、更全面？

大家好好想一想……

厨房里有各种餐具。

来做出营养丰富的食物搭配。

制作这些美味的食物，需要什么辅料呢?

有我最爱的小·笼包!

好多!

香啊!

23

西餐、中餐、日韩餐，

汉堡、薯条、小笼包、油焖大虾、三文鱼寿司……

这么多风味美食，

各有特色。

小朋友们对食物的知识产生了浓厚的兴趣，

既了解了不同的食物制作原料，

也懂得了合理的选择与搭配，

学会吃得健康与营养，

养成良好的饮食习惯。

肉蛋奶，这些蛋白质食物要吃足，

千万不要偏食。

形成合理的膳食结构，

既能保证身体健康，

又能科学节水。

是的，通过合理膳食来节水，

可是一门大学问。

说明：参考中国营养学会《中国居民平衡膳食宝塔（2022）》绘制。

怎样减少食物浪费?

吃多少, 拿多少。

在外就餐, 把剩饭菜打包。

要吃净餐盘里的食物。

就是光盘!

太好了!

食物中的虚拟水构成了膳食水足迹。

我们每个人每天要消耗10个浴缸那么多的水!

怎么可能?!

怎么回事呢?

早晨	中午	下午	晚上
1杯200毫升牛奶的水足迹是204升水。	1杯200毫升橙汁的水足迹是204升水。	1杯茶（含3克茶）的水足迹是27升水。	1杯咖啡（含7克烘焙咖啡）的水足迹是132升水。	1杯200毫升可乐的水足迹是67升水。

注：下午栏对应茶与咖啡两项。

每人每天喝1500~1700毫升看得见的水，其余消耗的全都是看不见的水。

膳食结构不同，膳食水足迹也不同。

算一算你的膳食水足迹。

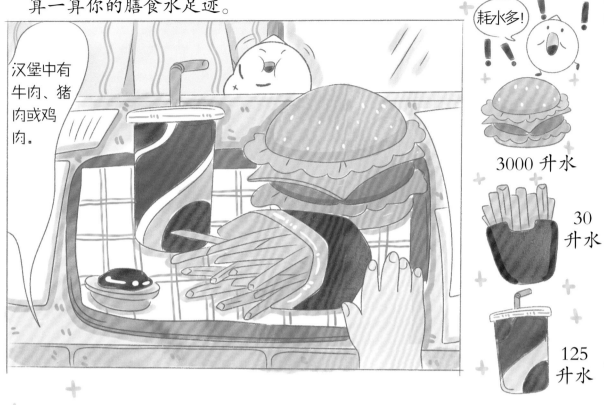

汉堡中有牛肉、猪肉或鸡肉。

耗水多！

3000 升水

30 升水

125 升水

25 升水

60 升水

10 升水

20 升水

300 升水

我的是 415 升水。

我的是 3155 升水。

44

算一算你的膳食水足迹。

叮嘡！

叮嘡！

叮嘡！

叮嘡！

时间到啦！

什么样的膳食搭配最好呢？

均衡合理。

合理饮食，科学节水。

谷物、豆类、薯类、肉蛋奶、水果、蔬菜、坚果……

不能偏食，食物种类要丰富。

放学啦!

叮铃……叮铃铃……

叮铃……叮铃铃……

我来啦!

妈妈，妈妈!

今天的运动会可有意思啦!

西西!

聪明地吃饭，既健康又节水。

是嘛!

绘者后记

2022 年，发生了太多的惊喜——我大学毕业啦！在这一年里，我忙于毕业、毕业设计和研究生申请。这些让我明白了：一天全部的时间都被利用起来，是一件多么好的事情。那些挤出来的时间，我用来完成绘本并和团队交流；每周的周四，都是我们开例会的时间。要问我关于绘本的记忆是什么？可能是夜晚、咖啡、视频会议和交流，以及一笔一笔的绘制。我发现我进步了：故事敲定，主要讲核心；草稿绘制，主要是思路；线稿绘制，主要讲细化；成稿内容，主要讲色彩。

我本科学习的专业是视觉传达，老师告诉我们：视觉传达就是将某种东西，用可视化符号传达信息，传达我的所见所想，去告诉大家。这次创作提醒了我：有很多科学研究，或许不会被大家所知，大家也不会了解，这些最前沿的知识，因为太深奥难懂，而且是论文的形式。这套为小朋友们准备的科普绘本，也是我这辈子都想去做的一件事情。我想将这些水科学的前沿知识，用绘本的形式传达出去，传达给大朋友、小朋友。我想这才是我创作的核心、我的动力源泉。这套绘本算是我完成了自己小时候画漫画的梦想。没有什么天赋，就是百炼成钢、坚持初心。我想告诉那时候的自己：这不再是空想了。我 5 岁就开始画画，画了很多年，从草地、屋子、小鸟和太阳组成的画面，到看漫画、画漫画，再到美术集训、上大学，我几乎做所有的事都只有一个想法，就是想让自己的作品能被展示出来，让大家看到。

我真的感谢我的团队：让我在这个阶段，拥有了一次不太计较时间成本和个人得失的创作，给了我充分的创作自由、尊重和信任，让我实现了自己的想法，给了我一个平台将作品展示出来，让我的大学时光画上了句号，并闪闪发光。

我的画还谈不上什么艺术，我只是个绘画的匠人，仅此而已。我希望读者朋友看到我的画的时候，会轻松、开心、治愈，可以说："我很喜欢！"这就是对我最大的肯定。

90 度鞠躬。

冷飞焓

2022.12 东京